U0085458

吃過就感動的
乳 酪 蛋 糕

一定要擁有的烘烤與免烤乳酪蛋糕配方

「Oven Mitten」

小嶋留味

出版菊文化

本書中的蛋糕全都是以奶油乳酪製成。

幾乎都只需混拌！試著重新檢視混拌方法吧

首先，先檢視站立的位置、姿勢、持握方法。

缽盆放在慣用手的側邊

慣用手的手腕可動範圍變大，

能夠以均等速度

順利混拌缽盆內的材料。

站在稍離工作檯的位置。收緊手臂

能夠用均勻的力道混拌缽盆全體材料。

不是用肚子支撐缽盆。

低握攪拌器

一旦握住鋼圈和握柄的接合處，

就能施加壓力，混拌至缽盆底部，

可用較少攪拌次數，消除混拌不均勻。

再者，開始製作時奶油乳酪的硬度＝溫度、
以及因混拌方法而改變的口感

本書有2種方法。

1 略硬＝用低溫的乳酪開始製作，
確實地混拌使其飽含空氣

→ 蓬鬆入口即化般的鬆軟

製作出鬆軟口感的混拌方法

首先，使奶油乳酪的溫度落在16～18℃。可以感覺到冰冷，用手指按壓時仍有阻力的狀態下開始製作，藉由確實的數次混拌，自然能恰到好處地飽含空氣。具黏稠性的材料，也容易飽含空氣。如此烘焙時，就能呈現濃郁中帶有鬆軟的輕盈口感了。

首先用橡皮刮刀混拌至奶油乳酪均勻後，添加細砂糖使其融合。待2～4分鐘糖分溶解鬆弛，就會變得易於混拌了。
＊短握橡皮刮刀，按壓般磨擦混拌。

攪拌器從缽盆12點鐘的位置斜向插入。

迅速地沿著缽盆劃至6點半至7點的位置。

彷彿劃在乳酪表面般地輕巧地回到12點鐘的位置。
＊此時不施力地拉起攪拌器，不在乳酪上留下痕跡。

節奏輕巧地混拌10次後，使缽盆轉動45度，重覆進行。添加雞蛋等材料融合後，同樣地混拌。

2 柔軟＝用溫熱的乳酪開始製作，
緩慢地避免拌入空氣

→ 濃稠滑順入口即化

製作出滑順口感的混拌方法

首先，使奶油乳酪的溫度落在25～45℃（因食譜不同溫度各異）。其他的材料易於融入，能以較少的混拌次數完成，並且不打入空氣地完成混拌。緩慢但攪拌器在缽盆底部及側面確實留下痕跡地施以壓力，均勻混拌。因材料溫度較高，也能較快完成烘焙。獲得半熟、緊實滑順的的口感。

首先用橡皮刮刀混拌至細砂糖融合。糖分溶解後產生光澤。

低持攪拌器，食指置於鋼圈上，施以壓力使3、4個鋼圈抵住缽盆底部地混拌。

以施壓的狀態在缽盆中大動作緩慢地混拌。因接觸到缽盆的鋼圈較多，能有效率地充分混拌。
＊攪拌器內若沾黏上乳酪，可將攪拌器垂直地輕輕敲在缽盆底部使其掉落。

以1秒混拌1次的節奏，將材料混拌至完全均勻，再放入之後的材料，同樣地避免空氣混入，有效率地以較少的次數拌勻，製作出滑順的口感。

一點點的 "不同"，形成感動滋味的理由

若有奶油乳酪、砂糖、雞蛋，再加上鮮奶油和少量粉類，就能製作出乳酪蛋糕。本書的乳酪蛋糕也是簡單的材料組合而成。但是只要理解在步驟上一點點的 "差異"，就能邂逅感動的美好滋味。

オーブン・ミトン Oven Mitten 自1987年開店至今，秉持著讓顧客想再次品嚐的想法，來製作糕點。乳酪蛋糕也是在全國、甚至海外各地品嚐，不斷地重覆試作才推出。也曾在奶油乳酪的製造商法國「BEL公司」旗下「KIRI」的中國公司，作為諮商地參加乳酪蛋糕講習。在持續並重覆乳酪蛋糕的研究下，察覺到一個 "差異"，就是飽含空氣的方法。

如同 p.4 ～ 7 的說明，即使用相同的奶油乳酪進行製作，因混拌方法不同，質地和口感也會隨之變化。想要呈現蓬鬆、入口即化般的乳酪蛋糕時，若未經充分混拌，會因為沒有飽含空氣而成為沈重的口感，會過甜、而且乳酪風味也會變得厚重。這是因為以飽含空氣為前提下，配方中使用較多分量的乳酪。反之，若想要呈現濃稠滑順口感的乳酪蛋糕，以飽含空氣的方式混拌，就會呈現過度膨脹、蓬鬆的口感，風味反而會隨之清淡而模糊。這是因為想要能美味地品嚐質地緊實的蛋糕，而添加了鮮奶油、或抑制乳酪的比例而造成。

烘焙方法中也有 "差異"。要呈現蓬鬆、入口即化的口感時，將竹籤刺入蛋糕正中央緩慢拔出，是否沾黏麵糊，或是剛好不沾黏的程度，才從烤箱取出。若是製作滑順的乳酪蛋糕，就必須在稍早一些的柔軟狀態下，就從烤箱取出。若是以完成柔軟潤澤的乳酪蛋糕為目標，烘焙時間就要更短一點。並不是烘焙得越久就會變硬，是乳酪風味揮發的 "差異"。完成烘焙是非常重要的訣竅，因此請多嘗試幾次，找出自己喜歡的口感。

本書的乳酪蛋糕，都是教室及店內至今持續推出的精選種類。享用後在口中擴散的乳酪乳香，以及令人感動的暢快舒心。希望大家務必品嚐看看。

[オーブン・ミトン Oven Mitten] 小嶋留味

Contents

烘烤類

免烤類

以提高溫度軟化後的奶油乳酪製作

開始製作乳酪蛋糕之前

• 混拌方法的說明，是以慣用右手為例進行介紹。

• 材料當中，液體也幾乎都以g來標示。相較於容量，能正確
  測量的電子秤，可以隨時增加計算，很方便。

• 1大匙是 15ml、1小匙是5ml

• 標記各種乳酪蛋糕的圖示如下。

　◨　從製作開始至最佳享用時間

　◨　保存參考（密閉後冷藏保存）

　◨　冷凍保存　○可以（解凍方法置於冷藏室自然解凍）X不可

　◔　乳酪麵糊中含奶油乳酪的比例

品嚐乳酪蛋糕時

• 用熱水溫熱刀子後分切，每切完一刀都
  要拭去刀上的沾黏。為了讓努力完成的
  蛋糕能切出漂亮的切面，請避免用冰涼
  的刀分切。

Mitten風格的NY乳酪蛋糕

point

□ 以略硬的乳酪開始製作，使其充分飽含空氣

□ 用低溫，烤至恰好烘熟

提到乳酪蛋糕，大家最熟悉的應該就是 NY 乳酪蛋糕吧。但其中的定義卻又好像不太明確。隔水烘焙？添加酸奶油？底部使用碎餅乾？為了找乳酪蛋糕繞遍了紐約。無論哪一家名店，都是可以直接品嚐到奶油乳酪的美味，配方中沒有酸奶油，都是少量鮮奶油、大量奶油乳酪的配方。其中我個人最喜歡，是著名「Magnolia Bakery」柔軟口感的乳酪蛋糕。以此為參考，抑製甜度、使其飽含空氣，增加鬆軟入口即化的口感，完成 Mitten 風格的乳酪蛋糕。

材料（直徑15cm×高6cm底部無法卸下的圓型模1個）

乳酪麵糊

奶油乳酪（Philadelphia、Luxe 各150g）⋯300g

細砂糖（細粒）⋯73g

香草油⋯約 1/4 小匙

雞蛋⋯100g

鮮奶油⋯25g

低筋麵粉⋯4g

酥粒（crumble）

發酵奶油（無鹽）⋯15g

低筋麵粉⋯20g

杏仁粉⋯20g

細砂糖（細粒）⋯15g

肉桂粉⋯約 1/8 小匙

鹽⋯少許

＊Philadelphia奶油乳酪混合了Luxe北海道奶油乳酪滋味會變得更為柔和，但單用Philadelphia製作也可以，酸味會更加具體。可能會因奶油乳酪的硬度而難以混拌，因此可以將乳酪溫度提高2～3℃後再進行混拌。

準備

・ 在模型中鋪放烤盤紙（請參照 p.79）。

・ 酥粒（crumble）用奶油切成 8～10mm 方塊，置於冷藏室充分冷卻。

・ 奶油乳酪切成均等的厚度，以保鮮膜包覆，使其成為 16～18℃（請參照 p.77）。

・ 使雞蛋成為 20～22℃。

・ 鮮奶油置於冷藏室備用。

・ 過篩低筋麵粉。

・ 預熱烤箱。

> 烤箱　以170℃預熱、150℃烘焙

🍰 翌日～2日後　🍴 3～4日　▢ ○　◐ 60%

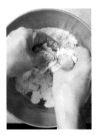

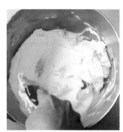
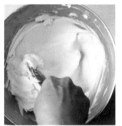

1 製作酥粒。在缽盆中放入酥粒的材料，以指尖將一半的奶油搓散，再重覆搓散另一半的奶油。用指尖搓散，使其成為粉狀乳酪般。放入冷藏室備用。

2 將奶油乳酪放入缽盆中，以橡皮刮刀按壓般地均勻全體，之後添加細砂糖、香草油使全體融合。

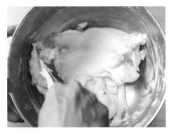

3 雞蛋分量中取約2大匙加入融合，用橡皮刮刀混拌至可順利攪拌為止。
＊奶油乳酪量大且硬實，因此添加部分雞蛋稀釋，使之後的攪拌器更容易攪拌。

4 改用攪拌器，強力混拌約80次。
＊請參照p.5。

5 其餘的雞蛋分3次加入，每次加入後都同樣地約混拌60次。
＊恰到好處地使麵糊飽含空氣，雖然要製作出鬆軟的口感，但含有過多的空氣又會過度膨脹，造成大的裂痕，因此也要注意避免過度混拌。

6 倒入鮮奶油，充分混拌。

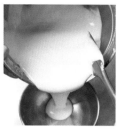   

7 將約1/8的麵糊移至曾裝有雞蛋的缽盆中,加入低筋麵粉,以攪拌器均勻混拌。再將麵糊倒回缽盆中,充分混拌。

＊此時麵糊約是20℃,如此烘焙時間較穩定。

8 倒入模型中,放入烤箱烘烤10分鐘。

9 先取出,在上方用湯匙均勻撒上1的酥粒。

10 再次放入烤箱,接著烘烤20～23分鐘。待膨脹至1.5～2cm高時,插入竹籤並緩慢抽出,確認是否沾黏麵糊,少許沾黏並具有濃稠度時,就能取出烤箱。冷卻後放入冷藏室靜置一夜。

＊由烤箱剛取出時是膨脹的,一旦冷卻後蛋糕體會下沉。

＊冷卻後,蛋糕體會回復至倒入模型時的高度。

抹茶NY乳酪蛋糕
覆盆子NY乳酪蛋糕

製作基本「Mitten風格的 NY乳酪蛋糕（p.13）」麵糊，取部分麵糊與抹茶混拌，就能樂在其中地加以調配變化。加入帶有風味的麵糊，可以讓食材的滋味更多變，又能同時享用到與原味混合時的美味。考慮到榛果的馨香與乳酪的搭配而試著製作，沒想到十分成功。抹茶的微苦、覆盆子的酸甜，都非常適合搭配乳酪的濃郁與溫和的酸味。

迷你NY乳酪蛋糕

基本麵糊也能用馬芬模型（直徑7cm、6個）進行烘焙。在紐約這種可愛的迷你尺寸也非常受歡迎。採用更低溫來烘焙。

翌日～2日後　　3～4日

榛果 NY 乳酪蛋糕

> 烤箱 以170℃預熱、150℃烘焙

1 分取基本麵糊90g(a)，加入榛果醬28g，以橡皮刮刀混拌至滑順(b)。

＊麵糊變硬時，可以先隔水加熱使其軟化後使用。

2 其餘的麵糊倒入模型後，再用湯匙或刮杓將添加榛果醬的麵糊，分數個位置做出圓點狀圖案(c)。

3 用烤箱烘烤26～28分鐘。

抹茶 NY 乳酪蛋糕

> 烤箱 以170℃預熱、150℃烘焙

1 在抹茶2.8～3g中混合細砂糖（細粒）5g並過篩備用，加入分取出的基本麵糊90g中(a)，以攪拌器混拌至均勻(b)。

＊抹茶中先混入細砂糖備用，可以防止結塊，更容易與麵糊混拌。

＊使用香氣佳的優質抹茶。

2 其餘的麵糊倒入模型後，再用湯匙將添加抹茶的麵糊，分數個位置做出圓點狀圖案。

3 用烤箱烘烤26～28分鐘。

覆盆子 NY 乳酪蛋糕

> 烤箱 以170℃預熱、150℃烘焙

1 製作覆盆子醬汁。用橡皮刮刀混拌杏桃果醬10g和完成過篩的糖粉6g，覆盆子果泥30g分2次加入，每次加入後都充分混拌。裝入小塑膠袋內備用。

＊覆盆子醬汁與「乳酪芭芭露亞（p.59）」相同。

2 將半量的基本麵糊倒入模型中，將醬汁塑膠袋的一角剪切出直徑4～5mm的切口(a)，在麵糊

表面來回描繪出鋸齒狀(b)。將模型轉動90度，再輕輕倒入其餘的麵糊(c)，再次以鋸齒狀擠出其餘的覆盆子醬汁(d)。

＊擠醬汁時，也可以使用醬汁或蜂蜜用的分注器(dispenser)。

3 用烤箱烘烤26～28分鐘

＊以上3款乳酪蛋糕烘焙完成的判斷基本相同，於冷藏室靜置一夜也一樣。

迷你 NY 乳酪蛋糕

> 烤箱 以160℃預熱、140℃烘焙

1 在馬芬模中鋪放石蠟紙杯，將麵糊倒至約9分滿，可以擺放上酥粒或擠上覆盆子醬汁(a)。用烤箱烘烤約20分鐘。待降溫後脫模，冷卻後置於冷藏室靜置一夜。

＊也可使用榛果或抹茶。

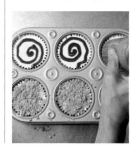

獨創烤乳酪蛋糕

point

□ 以略硬的乳酪開始製作，使其充分飽含空氣

□ 先烤出添加核桃噴香的底部麵團

濃郁及隱約的酸味、鬆軟的口感，或許是日本最為大家青睞的烤乳酪蛋糕也說不定。在 Mitten 店內也是 30 年長紅熱賣的商品。底部麵團在店內使用的是不易受潮的海綿蛋糕，但也有很多偏好馨香溫暖風味的客人，因此這裡介紹的是添加大量核桃的奶油酥餅（shortbread）類型，只需簡單地以食物調理機攪碎即可。配合享用時間進行製作，在底部受潮前吃吧。是手工才能製作的糕點。

材料(直徑15cm×高6cm底部無法卸下的
　圓型模1個)

乳酪麵糊

奶油乳酪（kiri）… 224g

細砂糖（細粒）… 68g

香草莢 … 1/5 根

發酵奶油（無鹽）… 25g

酸奶油 … 100g

　⌈ 蛋黃 … 40g
　⌊ 蛋白 … 40g

玉米粉 … 7g

餅乾麵團

發酵奶油 … 24g

低筋麵粉 … 48g

核桃 … 24g

細砂糖（細粒）… 14 匙

鹽 … 少許

準備

• 在模型中鋪放烤盤紙（請參照 p.79）。不
　需要側面，只需鋪放底部。

餅乾麵團

• 奶油切成1cm方塊，置於冷凍室冷卻成
　硬梆梆的塊狀。

• 核桃切分成4等分。

• 過篩低筋麵粉。

• 預熱烤箱。

乳酪麵糊

• 奶油乳酪切成均等的厚度，以保鮮膜包
　覆，使其成為16～18℃（請參照 p.77）。

• 香草莢縱向對半分切，刮出種籽。

• 奶油（切成均等厚度以保鮮膜包覆）、鮮
　奶油與混合完成的蛋黃和蛋白攪勻，使
　其成為18～20℃（奶油請參照 p.77）。

• 煮沸隔水加熱用的熱水備用。

＞烤箱
　餅乾麵團：以200℃預熱、180℃烘烤
　乳酪麵糊（隔水加熱）：以190℃預熱、
　170℃烘烤

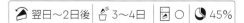

翌日～2日後 ｜ 3～4日 ｜ ○ ｜ 45%

建議在底部　　　底部餅乾
餅乾受潮前　　　會略受潮
享用完畢

19

1 將餅乾麵團的材料放入食物調理機內攪打，打碎至核桃成為4mm左右。

2 放入預備好的模型中，用刮板平整表面，最後將刮板平放按壓使其固結。

3 放入烤箱中烘烤15～17分鐘，待烘烤至呈淡褐色後，由烤箱取出、冷卻。

4 在模型側面鋪入烤盤紙。在麵團與模型間插入抹刀沿模型劃圈，使其出現間隙，再將側面用烤盤紙插入間隙中。

5 奶油乳酪放入缽盆中，用橡皮刮刀按壓使全體均勻後，加入細砂糖、香草籽，混拌至橡皮刮刀可以平順地動作為止。

6 改用攪拌器，用力混拌約100次至全體均勻。

7 加入柔軟的奶油，同樣地混拌約60次。

8 加入酸奶油，同樣地混拌約60次。

9 蛋液分3次添加，每次加入後同樣地混拌30秒。
＊過程中以橡皮刮刀刮落沾黏在缽盆周圍的麵糊，若發現有小的乳酪塊，可利用缽盆側面以刮杓壓散使其滑順。

10 將約1/5分量的麵糊移至曾裝有雞蛋的缽盆中，添加玉米粉，用攪拌器混拌均勻。倒回麵糊的缽盆中，同樣地充分混合拌均。以橡皮刮刀舀起後，會濃稠掉落留下痕跡的程度。
＊此時麵糊溫度約20℃最為理想。

11 將麵糊倒入4的模型中。若麵糊有隆起處，可以將橡皮刮刀前端插入麵糊中，前後細微鬆動，平整表面。
＊若有大的氣泡，可以用竹籤戳刺消除。

12 模型置於烤盤上，外面倒入1～2cm高的熱水後放入烤箱，隔水烘烤30分鐘。當部分烘焙出淡淡烘烤色澤時，停止烘烤並靜置。
＊注入熱水的烤盤放入烤箱時，請注意避免燙傷及熱水外溢。可以下點工夫地先注入半量熱水，待放入烤箱後，再注入其餘半量。
＊若立即從烤箱中取出，中央部分會產生陷落狀況，因此需要緩慢地靜置冷卻。

13 放置1小時以上，降溫後由烤箱中取出。於冷藏室靜置一夜。

蘋果酥粒乳酪蛋糕

point

☐ 以略硬的乳酪開始製作，使其充分飽含空氣

☐ 判斷酥粒烤得馨香、蛋糕柔軟的完成

鳳梨黑醋栗
酥粒乳酪蛋糕

🥮翌日 | 🗄2〜3日 | 🧊× | 🌓49%

🗄 建議在酥粒
受潮前享用

23

蘋果酥粒乳酪蛋糕

柔軟且口感怡人的乳酪基底中，添加大量美味多汁糖煮蘋果的蛋糕。
以表層烘烤得馨香酥脆的酥粒，取代底層餅乾，更具畫龍點睛的效
果。是令人停不下手的美味組合。

材料（直徑15cm×高6cm底部無法卸下的
　　圓型模1個）

乳酪麵糊

奶油乳酪（kiri）…200g

細砂糖…50g

香草醬…1/8 小匙

發酵奶油（無鹽）…23g

酸奶油…53g

┌ 蛋黃…38g
└ 蛋白…38g

玉米粉…6.3g

糖煮蘋果（2 次分）

蘋果（紅玉。除去表皮及果芯的實際重量）
　…300g

細砂糖…33g

水…27g

現榨檸檬汁…4g（略少於 1 小匙）

＊富士蘋果也可以。此時請參照步驟1。

酥粒（crumble）

A

┌ 發酵奶油（無鹽）…13g
├ 低筋麵粉…20g
├ 杏仁粉…20g
├ 細砂糖…15g
└ 鹽…少許

肉桂粉…約 1/6 小匙

準備

・酥粒(crumble)用奶油切成8～10mm
　方塊，置於冷藏室充分冷卻。

乳酪麵糊

・在模型中鋪放烤盤紙（請參照 p.79）。

・奶油乳酪切成均等的厚度，以保鮮膜包
　覆，使其成為16～18℃（請參照 p.77）。

・奶油（切成均等厚度以保鮮膜包覆）、酸奶
　油與混合完成的蛋黃和蛋白拌勻，使其成
　為20～22℃（奶油請參照 p.77）。

＞烤箱　以200℃預熱、180℃烘烤

1  製作糖漬蘋果。蘋果切成2～3cm的方塊，放入平底鍋內。加入其
餘的材料，連同鍋子一起晃動，使細砂糖均勻溶入其中，蓋上鍋蓋
用大火加熱。待冒出蒸氣後轉為小火，再加熱1分30秒後熄火，放
置5分鐘。以竹籤戳刺能輕易刺穿即可，蓋上鍋蓋放至冷卻。
＊靜置一夜後蘋果就能飽含糖漿，成為美味多汁的狀態。
＊步驟8中使用1/2分量。其餘冷藏約可保存 1週，冷凍約能保存3週。

2 製作酥粒（crumble）。在缽盆中放入A，以指尖將一半奶油搓散，再重覆搓散另一半奶油，使其成為粉狀乳酪般。半量添加肉桂粉，用指尖使其混入。將粉油塊捏成小塊後，再逐次少量地撕成大小不同的酥粒。原味酥粒也以相同方式製作。放入冷藏室備用。

3 製作乳酪麵糊。奶油乳酪放入缽盆中，以橡皮刮刀按壓般地均勻全體，之後添加細砂糖、香草醬充分混拌使全體融合。

4 改用攪拌器，強力混拌約60次。
＊請參照p.5。

5 奶油放入小缽盆，以橡皮刮刀攪拌至滑順後，再加入4的缽盆中，用攪拌器確實混拌。接著倒入酸奶油，以攪拌器混拌。

6 分3次添加蛋液，每次加入後都同樣地強力混拌約30秒。
＊溫度保持在20℃以下，麵糊沒有坍垮，自然就能飽含空氣。

 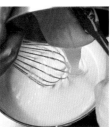

7 將約1/5的乳酪蛋糕移至曾裝有雞蛋的缽盆中，加入玉米粉，以攪拌器均勻混拌。再將拌勻的麵糊倒回缽盆中，同樣地充分混合拌勻。

8 倒入模型中，擺放糖煮蘋果（步驟**1**的1/2分量）。再於表面撒上原味及肉桂酥粒。

9 放入烤箱烘烤24～25分鐘。麵糊膨脹1～1.5cm高，輕壓中央部分，仍可感覺柔軟的程度時，由烤箱中取出。待放涼後，於冷藏室靜置一夜。
＊烘烤至酥粒隨處呈現烘烤色澤的程度。避免過度烘烤。
＊一旦冷卻，就會回復成麵糊倒入模型時的高度。

鳳梨黑醋栗酥粒乳酪蛋糕

若是鳳梨和莓果，即使沒有糖煮也能直接用於烘焙。雖然很推薦香甜鳳梨和酸甜黑醋栗的組合，但即使單一使用也很美味。撒上檸檬風味的酥粒。

材料（直徑15cm×高6cm底部無法
　卸下的圓型模1個）
乳酪麵糊
「蘋果酥粒乳酪蛋糕（p.24）」相同
酥粒
「蘋果酥粒乳酪蛋糕（p.24）」的A
檸檬皮（刨碎）…1/4個

鳳梨（新鮮。除去外皮和芯的實際重量）
　…80g
黑醋栗（冷凍）…50g

＊單獨使用鳳梨時是150g、單用黑醋栗時，120g撒上4g的細砂糖使用。

準備
・與「蘋果酥粒乳酪蛋糕（p.24）」相同

＞**烤箱**　以200℃預熱、180℃烘烤

1 與「蘋果酥粒乳酪蛋糕」相同地製作酥粒。以檸檬皮碎取代肉桂粉加入。

2 鳳梨切成1.5～2cm的方塊。

3 與「蘋果酥粒乳酪蛋糕」相同地製作乳酪麵糊，倒入模型，擺放鳳梨及冷凍狀態的黑醋栗，再於表面撒上酥粒。

4 放入烤箱烘烤25～30分鐘。
＊因放入冷凍黑醋栗，烘烤時間也會拉長。

巴斯克風格乳酪蛋糕

point

☐ 以柔軟的乳酪開始製作，不含空氣地混拌

☐ 用高溫、短時間烘烤，材料晃動程度也是完成的判別

翌日 ｜ 3～4日 ｜ ✕ ｜ 33%

巴斯克風格乳酪蛋糕

表面是焦糖，中間宛如乳酪布丁般，竟然處於半熟狀態！初次邂逅現在超人氣的巴斯克蛋糕已是好幾年前。某年休假時，聽聞西班牙巴斯克地方的聖塞巴斯提安（San Sebastián）有一個小酒館的乳酪蛋糕遠近馳名，因而特地造訪，回國後立刻嘗試製作。因模型的大小、烤箱等都不同，因此不斷地測試，終於製作出極為接近當地的風味、充滿自信的成品，命名為「酒館風乳酪蛋糕」在店內推出。之後大約5年左右，就以「巴斯克風格乳酪蛋糕」之名，在日本蔚為潮流。因為並非百分百巴斯克地區的傳統糕點，所以至今有點介意，但為了幫助大家熟悉，在 Mitten 店內改了名字。想要傳遞當時在小酒館品嚐到的感動滋味。在此將 Mitten 的配方及烘焙方式傳授給大家。正因為是小酒館的糕點，搭配紅酒也十分對味喔。

材料(直徑15cm×高6cm底部無法卸下的圓型模1個)

奶油乳酪 (kiri、Philadelphia 各110g)…220g

細砂糖 (細粒)…100g

┌ 蛋黃…60g
└ 蛋白…100g

鮮奶油…170g

現榨檸檬汁…3g (略多於 1/2 小匙)

┌ 低筋麵粉…8g
└ 玉米粉…4g

準備

- 奶油乳酪切成均等的厚度，以保鮮膜包覆，使其成為25～30℃（請參照 p.77）。
- 混合蛋黃和蛋白，使其成為20～22℃。
- 鮮奶油置於冷藏室備用。
- 混合低筋麵粉和玉米粉過篩。
- 預熱烤箱。

> 烤箱
  以260℃預熱、240℃烘烤

1 將30cm的方形烤盤紙鋪放在模型中，沿著模型內側堆疊皺摺鋪入。仔細地鋪放至底部呈現貼合狀，上方超出模型的部分，則向外翻折。
　＊完成烘焙的蛋糕脫模時，可以提起超出模型的部分，連同烤盤紙一起上提脫模。因為表面是焦糖狀，中間仍是柔軟狀態，因此輕巧地拉提烤盤紙取出。

2 奶油乳酪放入缽盆中，加入細砂糖，用橡皮刮刀使其融合，再混拌至呈滑順狀。改用攪拌器，攪打至滑順。
　＊請參照p.7。

3 蛋液分2～3次加入，每次加入後都同樣地混拌。混拌後再加入其餘的蛋液，避免過度攪拌。

4 鮮奶油隔水加熱，或以微波爐加熱至25～30℃。分2次加入，每次加入後都攪拌至不打發的滑順狀態。

5 加入現榨檸檬汁，輕輕混合。

6 將乳酪蛋糊約1/5分量移至其他的缽盆中，加入過篩並混合的低筋麵粉和玉米粉，用攪拌器均勻混拌。倒回缽盆中，同樣地混合拌勻。
　＊如p.7的混拌方法，若能避免攪打入空氣地確實混拌，即可成為滑順的麵糊而不需過濾。

7 倒入模型中,放入烤箱烘烤23～25分鐘。至表面確實呈現烤色,麵糊膨脹起來為止,儘量避免打開烤箱門。

　＊在烤箱中搖晃模型,若仍呈液體激烈搖晃,則需要再烤1～2分鐘。最理想烘焙完成的狀態,麵糊會呈現輕緩地晃動,因此分辨其狀態非常重要。

　＊放入模型時的麵糊若約是25℃,就會是這個烘焙時間。若無法在這個時間內完成烘焙時,可以提高烘烤溫度,或視其狀態再略加烘烤。

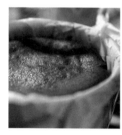 

8 冷卻後,於冷藏靜置一夜。

　＊冷卻後,蛋糕會再沈陷成麵糊倒入模型時的高度。

　＊分切時,連同烤盤紙一起脫模,避免蛋糕側面和底部的烤色剝離,輕輕撕去烤盤紙。

焦糖香蕉的巴斯克風格乳酪蛋糕

翌日 | 3〜4日 | ×

杏李乳酪蛋糕

翌日 | 3〜4日 | ×

焦糖香蕉的巴斯克風格乳酪蛋糕

麵糊和烘焙方法都與原味相同。添加焦糖和香蕉的香甜，相當受到歡迎。雖然材料比例相同，但加了香蕉，麵糊分量會減少1成。倒入底部的焦糖濃度就是重點。

材料（直徑15cm × 高6cm 底部
無法卸下的圓型模1個）

乳酪麵糊

奶油乳酪（kiri、Philadelphia
各100g）…200g

細砂糖（細粒）…90g

┌ 蛋黃…55g
└ 蛋白…90g

鮮奶油…152g

現榨檸檬汁…3g
（略多於1/2小匙）

┌ 低筋麵粉…7g
└ 玉米粉 …4g

焦糖香蕉

細砂糖…22g

熱水…16g

香蕉（實際重量）…160g
（約1又1/2根）

杏桃果醬…約25g

準備

• 與「巴斯克風格乳酪蛋糕
（p.28）」相同。

＞烤箱

以260℃預熱、240℃烘烤

1 香蕉切成7mm厚的片狀。

2 小鍋中放入細砂糖，用中大火加熱，邊晃動鍋子邊使其融化，焦化成焦糖狀。
＊不要焦化至過濃的焦色（比布丁的焦糖色更淡）。

3 熄火，加入熱水混拌，立即倒入預備好的模型中，傾斜使焦糖擴散（a）。

4 放置約30秒，趁表面尚未完全凝固時，用香蕉邊推展開焦糖，邊貼合模型底部（b、c）。
＊過度搖晃焦糖會導致乾燥，在烘焙過程中，香蕉片因而浮起。

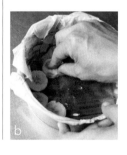

5 乳酪麵糊與「巴斯克風格乳酪蛋糕」相同地製作，倒入排放好的香蕉上，放進烤箱烘烤25～27分鐘。
＊烘烤程度的參考標準也相同。

6 冷卻後，於冰箱靜置一夜，脫模，剝除側面的烤盤紙，翻面後緩慢剝除底部的烤盤紙。用微波爐等溫熱杏桃果醬，刷塗在焦糖香蕉上。

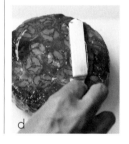

杏李乳酪蛋糕

這款蛋糕也和原味蛋糕完全相同，但利用隔水加熱，使溫度降低再緩慢加熱，是完全相反的烘烤方式，能做出全體滑順的柔軟蛋糕。糖煮杏桃和紅茶蜜李十分對味。

材料（直徑15cm×高6cm底部無法卸下的圓型模1個）

乳酪麵糊

與「巴斯克風格乳酪蛋糕（p.28）」相同

糖煮杏桃（請參照右側配方）…60g

紅茶蜜李（請參照右側配方）…60g

準備

• 與「巴斯克風格乳酪蛋糕（p.28）」相同。

• 煮沸隔水加熱用的熱水備用。

> 烤箱（隔水加熱）　以220℃預熱、180℃烘烤

1　糖煮杏桃和紅茶蜜李各別切成2cm塊狀，排放在模型底部（a）。

　＊在模型中各別以同心圓的方式交互排放，如此分切時也能均勻地分到杏桃和蜜李。

2　乳酪麵糊與「巴斯克風格乳酪蛋糕」相同地製作，倒入1。

3　模型置於烤盤上，倒入1～2cm高的熱水後放入烤箱，隔水烘烤35～40分鐘。當表面呈現烘烤色澤時，用竹籤刺入，若沒有沾黏生麵糊，即已完成。

4　於冷藏室靜置一夜。

糖煮杏桃

材料（方便製作的分量）

乾燥杏桃…100g　　水…100g　　細砂糖…30g

1　在鍋中放入杏桃和水，用中火加熱至沸騰後轉為小火煮5～6分鐘。熄火，蓋上鍋蓋，放置7～8分鐘。

2　加入細砂糖（a），混拌至溶化後，用小火續煮1～2分鐘（b）。熄火後直接放至冷卻。

紅茶蜜李

材料（方便製作的分量）

乾燥蜜李（去核略硬的李乾）…200g

紅茶（伯爵茶）的茶葉…4g

熱水…120g

1　將熱水注入紅茶中，蓋上蓋子燜蒸7分鐘後，用茶葉濾網過濾。

2　在鍋中放入乾燥蜜李和1的紅茶，以中火加熱，至沸騰後熄火（a），蓋上鍋蓋，放置5小時～一夜，使其軟化。

＊無論哪一種，保存時間冷藏約2週，冷凍可保存3個月。

香料乳酪凍糕

point

□ 遵守絕妙平衡的配方比例

□ 以柔軟的乳酪開始製作，不含空氣地混拌

□ 用低溫，烤至恰好烘熟

品嚐到滑順、綿密口感的同時，複雜的滋味也在口中擴散，有著淡淡肉荳蔻和肉桂的印象。白巧克力不但沒有壓制乳酪，更加烘托出絕妙的搭配。避免食材風味揮發，務必要注意不要過度烘烤。一起來品嚐嶄新風味吧。

材料(20.5× 8×高6cm的磅蛋糕模1個)

奶油乳酪 (kiri) … 200g

細砂糖 … 75g

香草莢 … 4cm

酸奶油 … 70g

┌ 蛋黃 … 52g
└ 蛋白 … 57g

┌ 鮮奶油 … 100g
└ 覆淋白巧克力 (white couverture chocolate) … 63g

玉米粉 … 8g

┌ 肉荳蔻 (整粒。刨碎) … 0.5g
└ 肉桂粉 … 0.5g

準備

· 在模型中鋪放烤盤紙。預備能鋪入模型的底部和側面的大長方形，鋪放。(請參照 p.79)。

· 奶油乳酪切成均等的厚度，以保鮮膜包覆，使其成為30 ～ 36℃ (請參照 p.77)。

· 香草莢縱向對切，刮出種籽。

· 酸奶油、混合的蛋黃和蛋白，使其成為 20 ～ 22℃

· 鮮奶油置於冷藏室備用。

· 白巧克力切成粗粒，放入缽盆中。

· 煮沸隔水加熱用的熱水備用。

· 預熱烤箱。

> 烤箱(隔水加熱)

以180℃預熱、160℃ 20分鐘→
150℃ 17 ～ 20分鐘烘烤

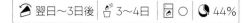

翌日～3日後 | 3～4日 | ○ | 44%

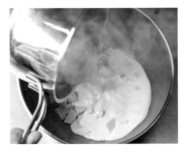

1 在鍋中放入鮮奶油，以中火加熱，即將沸騰前熄火。澆淋至白巧克力上，用攪拌器混拌融化備用。

2 在另外的缽盆中放入奶油乳酪，添加細砂糖和香草籽，用橡皮刮刀使其融合地混拌至呈滑順狀。改以攪拌器混拌至滑順。

＊請參照p.7。

3 將酸奶油加入**2**的乳酪中，避免空氣混入地混拌。

4 蛋液分3次加入，每次加入後都混拌至滑順為止。

5 加入**1**的融化白巧克力混拌。

6 取乳酪蛋糊約1/5分量放入曾裝有雞蛋的缽盆中，加入玉米粉，用攪拌器均勻地混拌，倒回乳酪蛋糊缽盆中，同樣地充分混拌。

7 用濾網過濾至另外的缽盆內，添加磨碎的肉荳蔻和肉桂粉，以攪拌器混合拌勻。

＊請參照p.7，步驟**3~7**，避免空氣拌入的混合。

＊倒入模型的麵糊溫度在25~26℃。過低時可用隔水加熱法溫熱，過高時，可以墊放冷水地調整溫度。

8 倒入模型中，將模型置於烤盤上，外側注入1~2cm高的熱水後放入烤箱，隔水烘烤20分鐘。

＊當注入熱水的烤盤放入烤箱時，請注意避免燙傷及熱水外溢。可以下點工夫地先注入半量熱水，待放入烤箱後，再注入其餘半量。

9 降溫至150℃，烘烤17~18分鐘。用竹籤刺入，若沒有沾黏生麵糊時，即可從烤箱取出。放涼後，於冷藏室靜置一夜。

＊連同烤盤紙一起脫模，緩慢地剝除烤盤紙。

舒芙蕾乳酪蛋糕

point

□ 以質地細緻柔軟的蛋白霜，和濃稠軟滑的卡士達醬製成

□ 以 Mitten 法「混拌蛋白霜」

乳酪風味在口中擴散，濃稠軟滑的纖細口感，在廣大熱愛者間被稱為「喝的乳酪蛋糕」。奶油乳酪相當軟化後，搭配混入卡士達醬；蛋白也打發成細緻柔軟的蛋白霜。無論哪種材料都呈現相同的軟滑，並保留氣泡地完成混拌。只有手工製作才能品嚐到的美味及樂趣。

材料(直徑15cm×高6cm底部無法卸下的圓型模1個)

奶油乳酪 (kiri) … 186g

發酵奶油 (無鹽) … 28g

┌ 蛋黃 … 35g

├ 細砂糖 (細粒) … 12g

└ 玉米粉 … 7g

牛奶 … 93g

蛋白霜

蛋白 … 60g

細砂糖 (細粒) … 36g

準備

• 在模型中鋪放烤盤紙(請參照 p.79)。

• 奶油乳酪切成均等的厚度，以保鮮膜包覆，使其成為40～45℃ (相當柔軟) (請參照 p.77)。

• 蛋白置於冷藏室充分冷卻。

• 奶油以隔水加熱或微波爐融化，使其成為40～50℃。

• 煮沸隔水加熱用的熱水備用。

• 預熱烤箱。

>烤箱

以170℃預熱、

170℃約10分鐘→150℃ 4分鐘烘烤

🍰 翌日～2日後 │ 🍶 3日 │ 🔲 × │ 🌑 40%

1 奶油乳酪放入略大（直徑約24cm）的缽盆中，加入融化奶油，以攪拌器充分混拌。

　＊混合完成後或許呈現略有分離的狀況，但不要緊。覆蓋保鮮膜，置於溫熱的場所或墊放溫水備用。

2 蛋黃放入另外的缽盆中，添加細砂糖，用攪拌器混拌，接著放入玉米粉，混合拌勻。

3 在小鍋中加熱牛奶，沸騰後一次全部倒入**2**的蛋黃缽盆中，充分混拌。

4 將**3**的缽盆用沸騰的熱水隔水加熱，以橡皮刮刀輕輕混拌使其受熱。邊混拌邊隔水加熱，底部會開始凝固，當開始凝固，濃稠的部分達1/4時，立刻停止隔水加熱，改用攪拌器，混拌至全體如美乃滋般濃稠為止。

　＊熱水的溫度過低時材料無法受熱，因此必須保持隔水加熱的熱水是沸騰狀態。固定缽盆的手，要戴上耐熱手套，確實拿好固定。

　＊若隔水加熱的時間太長，過度濃稠時，之後加入蛋白霜會難以混拌，就無法製作出膨鬆軟滑的口感，必須多加注意。

5 趁熱將4立即加入1的乳酪缽盆內,用攪拌器混
合拌勻。待混拌至柔軟滑順時,即完成。包覆保
鮮膜置於溫熱場所備用。

　＊使其成為與蛋白霜相同的柔軟度。

6 製作蛋白霜。蛋白放入缽盆中,首先加入細砂糖分量的2小匙,
以手持電動攪拌機中速打發1分鐘30秒。大動作畫圈,沿著缽盆
進行打發。用1秒1圈的緩慢速度攪打。加入細砂糖餘量的1/2,
同樣以中速打發1分鐘。

　＊冷卻蛋白備用,可以防止過度打發,也較容易製作出質地細緻的
蛋白霜。

　＊手持電動攪拌機的攪拌器,沿著缽盆側面產生喀嗒喀嗒聲響地,
邊轉動邊打發。

7 加入其餘的細砂糖,低速打發1分鐘30秒,製作
出至拉起攪拌器時,尖端會長長地垂下,柔軟
的蛋白霜。

　＊因為是氣泡細緻的蛋白霜,因此體積不太會增
加。避免打發至尖角直立的狀態。

8 用攪拌器將5的乳酪蛋糊再次混拌至勻勻後,加入蛋白霜的
1/4分量,以橡皮刮刀粗略混拌融合。

9 剩餘的蛋白霜，用手持電動攪拌機卸下的攪拌器再次混拌至滑順後，加入乳酪蛋糊缽盆中，繼續以Mitten法「混拌蛋白霜」。橡皮刮刀面以傾斜向上的狀態橫向動作混拌，左手拿著缽盆固定在9點鐘方向。先以橡皮刮刀由中心略朝右側開始，朝橡皮刮刀左下側，缽盆邊緣的9點鐘方向，深入底部1/3拌入。再以相同姿勢沿著缽盆，向上翻起6cm，同時左手將缽盆逆時針轉動60度。右手再次回到起始的位置重覆動作（因轉動缽盆而乳酪蛋糊隨之轉動，橡皮刮刀插入的位置也會與之前不同）。迅速地以此節奏重覆約40次，直到看不見蛋白霜為止。

10 倒入模型。用雙手持模型迅速轉動，利用離心力讓高度均等均勻再以橡皮刮刀平整表面。

11 將模型置於烤盤上，倒入1～2cm高的熱水後放入烤箱，隔水烘烤10分鐘。

＊當注入熱水的烤盤放入烤箱時，請注意避免燙傷及熱水外溢。可以下點工夫地先注入半量熱水，待放入烤箱後，再注入其餘半量。

12 待蛋糕膨脹1.5～2cm時，將烤箱溫度調降至150℃，烘烤約4分鐘，至部分表面開始呈現烤色為止。

＊至此都不打開烤箱的門，並且需注意避免過度烘烤。

13 關閉烤箱，不開箱門地直接放置2小時以上。由烤箱中取出冷卻，於冷藏靜置一夜。

＊利用餘溫使其緩慢受熱，也會呈現淡淡的烤色。

＊一旦冷卻，就會回復成麵糊倒入模型時的高度。

乳酪小塔

point

□ 薄薄的鋪放以 Mitten 法製作的「混拌餅乾」麵團

□ 短時間，烤至恰好烘熟

🥖 當天 ｜ 📅 1日 ｜ 🧊 × ｜ 🥧 30%

乳酪小塔

這也是長紅熱銷商品。打著使用著名奶油乳酪「kiri」之名銷售。我想正因為是具有豐富濃郁乳製品風味的「kiri」，才能呈現的滋味。雖是以西原金藏主廚傳授的食譜為基礎，但長年持續製作至今，也做出了 Mitten法獨創的味道，入口即化。小型塔餅製作時，必須短時間受熱，完成乳霜狀的成品。為避免影響口感，塔皮麵團必須薄薄地舖入並完成烘烤。

材料（直徑8cm的 Matfer® 塔模 5個）

填餡

奶油乳酪（kiri）…88g

細砂糖（細粒）…23g

┌ 低筋麵粉…4g
└ 玉米粉…2.5g

┌ 蛋黃…22g
└ 蛋白…35g

鮮奶油…116g

塔皮麵團

（甜酥麵團 pâte sucrée 方便製作的分量）

發酵奶油（無鹽）…60g

糖粉…40g

雞蛋…20g

杏仁粉…15g

低筋麵粉…110g

＊塔皮麵團的材料是7個的分量。單烤塔皮後，可能會有裂紋或破裂等狀況，多烘烤1～2個就是訣竅。

＊麵團冷藏可保存約2週，冷凍約可保存約1個月。

＊「葡萄乾乳酪奶油夾心（p.67）」也使用相同的麵團。

準備

塔皮麵團

• 奶油乳酪切成均等的厚度，以保鮮膜包覆，使其成為室溫（20～22℃）（請參照 p.77）。

• 糖粉、低筋麵粉各別過篩。

• 預備鋁箔製塔模（8F尺寸，底部直徑4～5cm的模型）（單烤塔餅的數量）、與 Matfer® 塔模底部相同大小。

• 使雞蛋成為20～22℃。

• 預備塔皮用重石。

填餡

• 奶油乳酪切成均等的厚度，以保鮮膜包覆，使其成為30℃（請參照 p.77）。

• 低筋麵粉和玉米粉混合過篩。

• 混合蛋黃和蛋白使其成為20～22℃。

• 鮮奶油置於冷藏室備用。

＞烤箱

塔皮麵團：

以190℃預熱、170℃烘烤

完成時：

以170℃預熱、150℃烘烤

步驟

┌─────────────────┐
麵團：
製作後，冷藏靜置一夜以上
（＊可冷凍）
鋪放於模型內，
冷凍1小時以上
單烤塔皮，降溫
└─────────────────┘
        ↓
┌─────────────────┐
內餡：
製作
冷藏15～30分鐘
└─────────────────┘
        ↓
┌─────────────────┐
將內餡倒入塔皮上烘烤
冷卻至20～22℃
└─────────────────┘
        ↓

1 製作塔皮麵團。缽盆中放入奶油，添加糖粉，用橡皮刮刀使其融合。改以攪拌器磨擦般混拌約1分鐘。

2 當奶油顏色發白時，分3次加入雞蛋，每次加入後都磨擦般混拌30秒～1分鐘。

3 接著放入杏仁粉，改以橡皮刮刀混拌使其與麵團融合。

4 加進低筋麵粉，進行Mitten法的「混拌餅乾」麵團。就是將粉類與奶油放入缽盆中，如切開般細細混拌的方法。橡皮刮刀從奶油和粉類的右側開始朝左側（慣用手為右手時）橫向劃一地切開般動作。從缽盆的外側朝自己方向，劃出10道一的線條。缽盆轉動90度，同樣地進行劃一的動作。重覆這個步驟至粉類和奶油呈細小粒狀。混拌至某個程度後，上下翻拌麵團，重覆混拌。重覆步驟至粉類完全消失。

＊在橡皮刮刀尖端確實地稍稍施加壓力，使缽盆底部不致殘留地動作。

＊防止左右兩側殘留，用橡皮刮刀確實劃過兩側，使奶油與粉類能被完整混合。

5 接著短持橡皮刮刀，從外側朝身體方向，用力切開般迅速拉動麵團。邊小幅度的逐次轉動缽盆，邊切開般混拌不同位置，重覆約8～10次。

6 將麵團刮至工作檯上，輕輕整合麵團，在工作檯上整合成較刮板幅度略窄的程度。用刮板直線的那一邊，重覆地施以均勻的壓力，少量逐次地將麵團朝自己的方向拉動。

＊刮板上方以雙手各4指，另一側則由姆指包夾，均等施力地的拿著。在麵團朝自己方向的1.5cm處斜向插入，使工作檯上的麵團留有2～3mm迅速拉動。不是利用刮板的平面，而是使用邊緣地拉動麵團。重覆8～10次，使全體能均勻地進行推展混合（fraser）。

7 整合成厚1.5～2cm的長方形，以保鮮膜包覆，於冷藏室靜置一夜。

8 將麵團鋪入模型中。趁**7**的麵團冰冷時各別分切成3.5g。置於撒有手粉（分量外）的工作檯上，用擀麵棍按壓推展至某個程度後，擀成約3mm的厚度。

＊在表面粗糙的塑膠製砧板上擀壓時，會因不易沾黏而更好操作。

＊剩餘的麵團可以冷凍保存。

＊單烤塔皮，可能會有出現裂紋的成品，因此建議多預備1、2個備用。

9 接著將蘸有手粉的麵團，表面朝上地放入模型中，使底部貼合模型。底部緊密貼合後，側面也同樣貼合，溢出邊緣的麵團則以抹刀刮落。置於冷凍室1小時以上。

10 在**9**的麵團上擺放鋁箔製塔模，再放進滿至杯緣的重石，以烤箱烘烤約20分鐘。

11 將鋁箔製塔模連同重石一起取出。取出烘烤成金黃色澤的塔皮，尚未完成烘烤的麵團則繼續烘烤2～3分鐘，已完成烘烤的先取出，降溫。

＊單烤塔皮時請務必充分烘烤後備用。

＊確認每一個烘烤後的塔皮，剔除有裂蚊或孔洞的塔皮。

12 製作內餡。奶油乳酪放入缽盆中，加入細砂糖，以橡皮刮刀使其融合後，再充分混拌呈滑順狀。

13 再度過篩低筋麵粉和玉米粉地加進缽盆，並且同樣地使其融合。

14 少量逐次地加入蛋液，改用攪拌器避免混入空氣地進行混拌。

＊請參照p.7。一旦混入空氣，經烘烤後會產生裂紋。

15 鮮奶油分2～3次加入，每次加入後都混拌至滑順。用濾網過濾。包覆保鮮膜，於冷藏室靜置15～30分鐘。

＊在此靜置麵糊，可以抑制烘烤時的膨脹，防止產生裂紋。

＊倒入模型時最好在21℃左右，避免冷藏過久。

16 將內餡填至塔皮邊緣。

＊當內餡溫度在21℃左右，烘焙時間大約會與食譜相同。過於冰冷時，可放置於室溫進行調整。

17 放入烤箱烘烤13～15分鐘。當晃動模型時，不是全體而是僅有中央略顯搖晃時，立即取出。

＊烘焙程度大約是內餡恰好受熱的程度。必須注意若過度烘烤，乳酪的風味也會隨之改變。

奶油乳酪戚風蛋糕

point

□ 製作出即使與乳酪的油脂混合，也不易被壓垮的蛋白霜

□ 柔軟的奶油乳酪與蛋黃一起打發

Mitten的戚風蛋糕，被肯定的不僅是輕盈，更有著潤澤的口感。添加濃郁且油脂成分較多的奶油乳酪時，步驟上更必需要多下工夫。為了易於混拌先添加蛋黃糊，製作出軟滑的蛋白霜，得以更少的步驟且易於混拌，迅速地製作吧。是一款潤澤的蛋糕體，隱約帶著奶香滋味的戚風蛋糕。

材料(直徑17cm的戚風蛋糕模1個)

奶油乳酪 (kiri)…70g

┌ 蛋黃…40g
└ 細砂糖…20g

A

┌ 沙拉油…25g
│ 熱水…27g
│ 現榨檸檬汁…8g
│ 檸檬皮 (刨碎)…1/3 個
└ 香草油…5 滴

┌ 低筋麵粉…55g
└ 泡打粉…3g

蛋白霜

蛋白…105g

現榨檸檬汁…2g (略小於 1/2 小匙)

細砂糖…30g

準備

• 奶油乳酪切成均等的厚度，以保鮮膜包覆，使其成為36 ～ 40℃ (請參照 p.77)。

• 使蛋黃成為20 ～ 22℃。

• 混合低筋麵粉和泡打粉後過篩。

• 混合蛋白和現榨檸檬汁後置於冷藏室備用。

• 預熱烤箱。

> 烤箱　以200℃預熱、180℃烘烤

🍞翌日～2日後　🥫3日　🧊×　🥛18%

1 蛋黃和細砂糖放入缽盆中，用手持電動攪拌機高速打發約2分鐘至顏色變白為止。

2 奶油乳酪放入另外的缽盆中，以橡皮刮刀攪拌至呈滑順狀。

3

將1的蛋黃分2次加入乳酪中，每次加入都用手持電動攪拌機高速打發約20～30秒。
＊在步驟**6**之前，先將手持電動攪拌機的攪拌器洗淨，並完全拭乾水分。

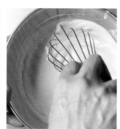

4 加入混合好的**A**，改以攪拌器混拌。

5 再度過篩低筋麵粉和泡打粉加入其中，用攪拌器混拌。

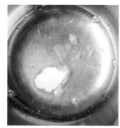

6 製作蛋白霜。添加了檸檬汁的蛋白放入缽盆中，首先加入細砂糖分量的1小匙，以手持電動攪拌機高速打發1分鐘30秒。大動作轉動攪拌機體，隨時沿著缽盆進行打發。用1秒1圈的緩慢速度攪打。待攪打至8分打發時，加入細砂糖餘量的1/2，同樣以高速打發30秒。加入其餘的細砂糖，再打發約20秒。

＊冷卻蛋白備用，可以防止過度打發，也較容易製作出質地細緻的蛋白霜。
＊打發成尖角略微彎曲的滑順蛋白霜，不是尖角直立的蛋白霜。

7 在**5**的缽盆中加入蛋白霜的1/4分量，先以橡皮刮刀粗略混拌融合全體後，再以Mitten法「混拌蛋白霜」，共進行12次。

＊「混拌蛋白霜」的步驟請參照步驟**8**

8 將**7**倒回蛋白霜缽盆中，再次進行Mitten法「混拌蛋白霜」22～25次。「混拌蛋白霜」的進行方式如下。橡皮刮刀面以傾斜向上的狀態橫向動作混拌，左手拿著缽盆固定在9點鐘方向。先以橡皮刮刀由中心略朝右側開始，朝橡皮刮刀左下側，缽盆邊緣的9點鐘方向，深入底部1/3拌入。再以相同姿勢沿著缽盆，向上翻起6cm，同時左手將缽盆反時針轉動60度。右手再次回到起始的位置重覆動作（因轉動缽盆而乳酪蛋糊隨之轉動，橡皮刮刀插入的位置也會與之前不同）。迅速地以此節奏重覆進行。

9 倒入模型中，放入烤箱烘烤約27分鐘。

＊烘焙時膨脹至最高後開始有點下沈，出現裂紋和烤色就是烘焙程度的參考。

10 從烤箱取出後，立即連同模型倒扣冷卻。

＊至享用前以保鮮膜包覆，置於冷藏室。

11 享用時，再進行脫模。抹刀由外側垂直插入並沿著模型劃圈，脫模。抹刀劃入模型及蛋糕體間，中芯部分也垂直插入，卸除底板。

雙重乳酪戚風蛋糕

基本麵糊中增加乳酪粉。讓乳酪滋味更加清晰分明。麵糊倒入模型後，表面撒上胡椒，因此有同時品嚐到胡椒風味蛋糕和原味的樂趣。蛋糕體中的小孔洞就像切達乳酪般，具有視覺上的效果。可作為輕食或下酒小點。

1　基本材料 A 中添加沙拉油25g、熱水29g、現榨檸檬汁5g。另外預備乳酪粉（市售）25g、黑胡椒粒，其餘的預備都相同，時間點也相同。

2　至步驟 7 都同樣作法，在步驟 8「混拌蛋白霜」約進行10次後，加入乳酪粉（a）、再進行約15次的「混拌蛋白霜」步驟。

3　倒入模型中，撒上研磨黑胡椒粉（約轉動研磨30次，依個人喜好）。插入橡皮刮刀，使胡椒粉略拌入其中（b），放入烤箱，同樣烘烤、冷卻。

萊姆生乳酪蛋糕

point

□ 萊姆果凍恰好能凝固的濃度，配合乳酪蛋糕入口即化。

6小時～翌日 | 2日 | △ | 28%

加入果凍前的
乳酪蛋糕
可冷凍保存

萊姆生乳酪蛋糕

酸甜中帶著濃郁、搭配軟滑慕斯的乳酪蛋糕。乳酪麵糊中添加了大量清新爽口的檸檬風味，再層疊上萊姆果凍而非醬汁，馨香的酥粒基底更具提味效果。必須連續完成每個製作階段，但成品絕對讓你大呼值得的生乳酪蛋糕。

材料（直徑15cm×高4cm的環形模1個）

酥粒（crumble）
低筋麵粉…33g
杏仁粉…33g
細砂糖（細粒）…24g
發酵奶油（無鹽）…25g

乳酪麵糊
奶油乳酪（kiri）…110g
細砂糖（細粒）…45g
蛋黃…10g
酸奶油…37g
現榨萊姆汁…45g
板狀明膠…略少於5g
萊姆皮…約1/6個
鮮奶油…130g

萊姆果凍
細砂糖…70g
水…70g
板狀明膠…4g
現榨萊姆汁…30g
萊姆皮…約1/4個
＊萊姆使用1～2個。

準備

酥粒
- 奶油切成8～10mm的塊狀，置於冷藏室充分冷卻。
- 預熱烤箱。

乳酪麵糊
- 烤盤上鋪放較環形模大的烤盤紙，上面擺放環形模。
- 環形模的內側鋪入較環形模高的食品級opp膠片。準備約4.5cm×長24～25cm的細長條2片。
- 乳酪切成均等的厚度，以保鮮膜包覆，使其成為25～30℃（請參照p.77）。
- 酸奶油使其成為20～22℃。
- 板狀明膠浸泡於水中，置於冷藏室20分鐘以上還原。
- 鮮奶油置於冷藏室備用。
- 煮沸隔水加熱用的熱水備用。

萊姆果凍
- 板狀明膠浸泡於水中，置於冷藏室20分鐘以上還原。

> 烤箱

酥粒：
以190℃預熱、170℃烘烤

步驟

```
酥粒：
鋪放於模型中烘烤，
冷卻
```
↓
```
乳酪麵糊：
製作，倒入模型
冷卻凝固5小時以上
```
↓
```
萊姆果凍：
冷卻使其產生濃稠
倒入表層
冷卻凝固6小時以上
```
↓

1 烘烤酥粒。在缽盆中放入酥粒的材料，以指尖將一半奶油搓散，再重覆搓散另一半奶油，用指尖搓散使其成為粉狀乳酪狀。將粉油塊捏成小塊後，再逐次少量地撕成大小不同的酥粒。

2 撒入環形模中，用指尖避免形成間隙地輕輕按壓使其平整。放入烤箱烘烤15分鐘，趁熱將環形模脫模，置於網架上冷卻。

3 在環形模上覆蓋保鮮膜，使其緊繃地用橡皮筋固定。倒扣翻面後置於方型淺盤上，環形模內側貼上opp膠片。重新將酥粒鋪於底部。
＊注意避免酥粒破裂。
＊貼上opp膠片是為避免萊姆的酸觸及模型的金屬材質。

4 製作乳酪麵糊。奶油乳酪放入缽盆中，添加細砂糖，用橡皮刮刀使其融合後，充分混拌至滑順為止。

5 添加蛋黃，用攪拌器混拌。接著加入酸奶油，混拌至滑順狀。
＊請參照p.7。

6 現榨萊姆汁分2〜3次加入，每次加入後都同樣地混拌至滑順。

7 板狀明膠瀝乾水分後，放入缽盆中，覆蓋保鮮膜。隔水加熱使其融化後，停止加熱。

＊鬆鬆地覆蓋保鮮膜，以略高的溫度進行（40℃以上）就是訣竅。

8 取**6**的乳酪糊約1/5分量加入明膠中，以攪拌器均勻混拌。用濾網過濾後放回乳酪糊缽盆中，同樣地混拌。

＊以橡皮刮刀刮落，濾網底部也要乾淨地刮除，不殘留地放回原缽盆。

9 刨下萊姆皮碎加入，輕輕混合拌勻。

10 在另外的缽盆中放入鮮奶油，墊放冰水並同時用手持電動攪拌機攪打至八分打發。

11 加入**9**，以攪拌器均勻地混拌。

訣竅就是配合**9**的乳酪糊，保持在18℃左右。溫度過高時可以短時間墊放冰水降溫。

12 倒入**3**的模型中，以刮板平整表面。置於冷藏室冷卻凝固5小時以上。

13 製作萊姆果凍。在小鍋中放入細砂糖及配方用水，邊混拌邊加熱，至50℃以上細砂糖溶化後熄火，加入瀝乾水分的板狀明膠，使其溶化。

14 移至缽盆中，加入現榨萊姆汁混拌。墊放冰水待降溫後，刨下萊姆皮碎加入，混拌。

15 不時地混拌使其冷卻。待產生稠度後，倒在**12**的乳酪糊上，置於冷藏室冷卻凝固6小時以上。
  ＊果凍確實產生稠度後再倒入。
  ＊不需覆蓋保鮮膜。

16 待凝固後，剝除脫去保鮮膜、環形模、opp膠片，盛盤。
  ＊將與環形模相同大小的缽盆倒置在工作檯上，放上撕去底部保鮮膜的乳酪蛋糕，將環形模輕輕向下拉動地脫模。

乳酪芭芭露亞
point

□ 以小火緩緩加熱英式蛋奶醬（sauce anglaise）
□ 用略多的鮮奶油打發成軟滑濃稠狀

添加英式蛋奶醬並加入板狀明膠冷卻凝固，是一款令人懷念的生乳酪蛋糕。話雖如此，膨鬆柔軟中帶著奶香，可以說是全新口感。柔軟的奶油乳酪中混入英式蛋奶醬，配上攪打至七～八分的打發鮮奶油，雖然需要多花一點時間，但溫度管理上並不困難。最後放上草莓和香脆酥粒，再澆淋上覆盆子醬。

材料（直徑15cm× 高4cm的
環形模1個）
┌ 奶油乳酪（kiri）…170g
└ 細砂糖（細粒）…20g

英式蛋奶醬
┌ 牛奶…70g
├ 細砂糖（細粒）…20g
└ 香草莢…2cm
┌ 蛋黃…27g
└ 細砂糖（細粒）…20g
板狀明膠…4g

現榨檸檬汁…6g
鮮奶油…200g

酥粒（crumble）
發酵奶油（無鹽）…7g
低筋麵粉…10g
杏仁粉…10g
細砂糖（細粒）…7g
鹽…少許

草莓…適量
覆盆子醬汁（請參照 p.61）…適量
薄荷葉（若有）…適量

準備
酥粒（crumble）
・烤盤上鋪放烤盤紙。
・奶油切成8 ～ 10mm的塊狀，置於冷藏室充分冷卻。
・預熱烤箱。

乳酪麵糊
・在環形模上覆蓋保鮮膜，使其緊繃地用橡皮筋固定。倒扣翻面後置於方型淺盤上，環形模內側面貼上 opp膠片（準備寬4cm× 長24 ～ 25cm的細長條2片）。
・乳酪切成均等的厚度，以保鮮膜包覆，使其成為30℃（請參照 p.77）。
・英式蛋奶醬中的香草莢，縱向對半分切，刮出種籽。
・板狀明膠浸泡於水中，置於冷藏室20分鐘以上還原。
・鮮奶油置於冷藏室備用。

＞烤箱
酥粒：
180℃預熱、160℃烘烤

⬛ 6小時～翌日 ｜ 2日 ｜ △ ｜ 32%

在擺放搭配
食材前的芭芭露亞，
可以冷凍保存

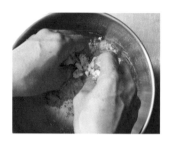

1　烘烤酥粒。在缽盆中放入酥粒的材料，以指尖將一半的奶油搓散，再重覆搓散另一半的奶油。用指尖搓散使其成為粉狀乳酪般。

2　將粉油塊捏成小塊後，再逐次少量地撕成5～10mm大小，避免層疊地排放在鋪有烤盤紙的烤盤上。放入烤箱烘烤約10分鐘，烘烤至淡淡地呈現烤色。

＊若非立即使用，請放入密閉容器內，避免受潮地冷藏保存。

3　煮英式蛋奶醬。在小鍋中放入牛奶、細砂糖和香草籽，用攪拌器混拌並以中火加熱。同時將蛋黃、細砂糖放入缽盆中，以攪拌器磨擦般混拌至顏色發白。待牛奶加熱至沸騰後，緩緩倒入充分混拌。

4　將3倒回原鍋，以小火加熱。由鍋底不斷地用橡皮刮刀混拌，緩慢加熱至濃稠約2～3分鐘。

＊用小火緩慢加熱，就能煮出濃稠度而不燒焦。

5　加入瀝乾水分的板狀明膠，以橡皮刮刀混拌使其溶化，用濾網過濾移至缽盆。

6　在另外的缽盆中放入奶油乳酪，加入細砂糖，用橡皮刮混拌至融合後，充分攪拌，再改以攪拌器混拌至滑順。

＊請參照p.7。

7 將**5**的英式蛋奶醬冷卻至約36℃，分2次加入乳酪糊中，每次加入時都用攪拌器充分混拌，之後加入現榨檸檬汁混合。
＊加入檸檬汁會略略結塊，因此必需充分攪拌。

8 在另外的缽盆中放入鮮奶油，邊墊放冰水邊用手持電動攪拌機高速攪打至七～八分打發。拉起攪拌器時，略有沾黏而後噗通地落下，就可以加入**7**的缽盆中，用攪拌器混拌。攪拌器握著呈傾斜狀由中心向外混拌，邊轉動缽盆邊混拌全體。最後以橡皮刮刀由底部翻起混拌至均勻。

9 倒入模型中，以抹刀平整表面。置於冷藏室冷卻凝固6小時以上。

10 凝固後，撕去底部保鮮膜、脫去環形模、opp膠片後盛盤，裝飾上草莓、澆淋覆盆子醬汁，並撒上酥粒。

覆盆子醬汁的製作方法

杏桃果醬10g和完成過篩的糖粉6g，用橡皮刮刀磨擦般混拌，分2次加入覆盆子果泥30g，每次加入都充分混拌。

＊與「覆盆子NY乳酪蛋糕（p.17）」相同。
＊置於冷藏室可保存約1週。

奶油乳酪的義式奶酪
point

□ 用牛奶將柔軟的奶油乳酪更加軟化

□ 使其成為恰好能凝固的濃度

用奶油乳酪製作出令人驚訝，果凍般 Q 彈的口感。入口之後，卻又軟滑即化。以明膠凝固鮮奶油製作義大利奶酪爲靈感，簡單就能完成正是它具魅力的地方。搭配的是超受歡迎的蜂蜜檸檬香草醬汁，奶香醇濃最能襯托出風味。

材料（容量70ml的玻璃杯4～5個）

奶油乳酪（kiri）…70g

細砂糖…20g

牛奶…125g

板狀明膠…3g

鮮奶油（乳脂肪成分36～45%）…120g

蜂蜜檸檬香草醬汁

蜂蜜…1又1/2大匙（約30g）

現榨檸檬汁…15g（1大匙）

檸檬皮（刨碎）…1/8個

香草籽…2～3cm

＊明膠1g的差異就能改變口感，因此必需更仔細正確測量。因各家商品不同，凝固程度也會有所差異，在此使用的是「Ewald Gelatin Silver」。一般的「Maruha Gelatin leaf」則需使用2.5g。相較於粉狀明膠，板狀明膠的口感會更加固結。

＊鮮奶油的乳脂肪成分越低時，越容易感覺到乳酪的味道，可視個人喜好選用。但建議使用36%以上的。

＊醬汁的蜂蜜，最推薦使用薰衣草蜜。

準備

· 乳酪切成均等的厚度，以保鮮膜包覆，使其成為30℃（請參照 p.77）。

· 板狀明膠浸泡於水中，置於冷藏室20分鐘以上還原。

· 鮮奶油置於冷藏室備用。

· 香草莢縱向對半分切，刮出種籽。

6小時～翌日 ｜ 2～3日 ｜ × ｜ 20%

1 奶油乳酪放入缽盆中，加入細砂糖，以橡皮刮刀使其融合。

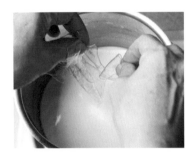

2 牛奶放入小鍋中加熱，煮至沸騰後熄火。放入瀝乾水分的板狀明膠使其溶化。

3 將少量2的牛奶加入1的缽盆，用攪拌器充分混拌後，再加入其餘的牛奶，混拌均勻。

4 加入鮮奶油，避免打發地混拌，用濾網過濾至另外的缽盆中。

5 墊放冰水，不時地混拌使其冷卻，待出現濃稠時倒入玻璃杯中，置於冷藏室冷卻凝固6小時以上。

6 製作蜂蜜檸檬香草醬汁。在缽盆中放入蜂蜜和現榨檸檬汁，以攪拌器充分混拌。添加香草籽和檸檬皮碎，充分混拌。食用時分別倒入5中。

＊若醬汁的酸味和甜味過強時，可以少量冰水稀釋。

乳酪奶油醬

當天 | 約1週 | ✕ | 38%

奶油乳酪和奶油均衡地混合後，就是一款能搭配水果或燒菓子（烘烤糕點）、鬆餅的萬用奶油醬了。不添加檸檬等，但會產生乳酪和發酵奶油隱約的酸味及奶香。請將奶油充分打發後，加入奶油乳酪再繼續打發，就能完成鬆軟綿柔的口感。在此介紹使用這款奶油醬的4種糕點。

材料（方便製作的分量）

奶油乳酪（kiri）…75g

發酵奶油（無鹽）…100g

糖粉…20g

香草油…20g

準備

· 乳酪切成均等的厚度，以保鮮膜包覆，使其成為30℃（請參照 p.77）。

· 奶油（切成均等的厚度，以保鮮膜包覆）使其成為約22℃（請參照 p.77）。

· 過篩糖粉。

1　在缽盆中放入柔軟的奶油和糖粉，以橡皮刮刀混拌至融合，加入香草油，也混拌至融合。

2　用手持電動攪拌機高速打發約2分鐘（a）。
  ＊過程中，用橡皮刮刀刮落缽盆內緣的奶油，使其能均勻地打發。

3　用橡皮刮刀整合缽盆中的奶油後，加入奶油乳酪（b），用手持電動攪拌機高速打發約1分鐘30秒，使其成為鬆軟綿柔的奶油醬（c）。
  ＊當奶油醬飽含空氣時會容易氧化，因此保存時需密閉置於冷藏室，並儘早食用完畢。於常溫中軟化後使用。

a

b

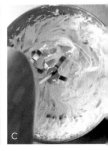
c

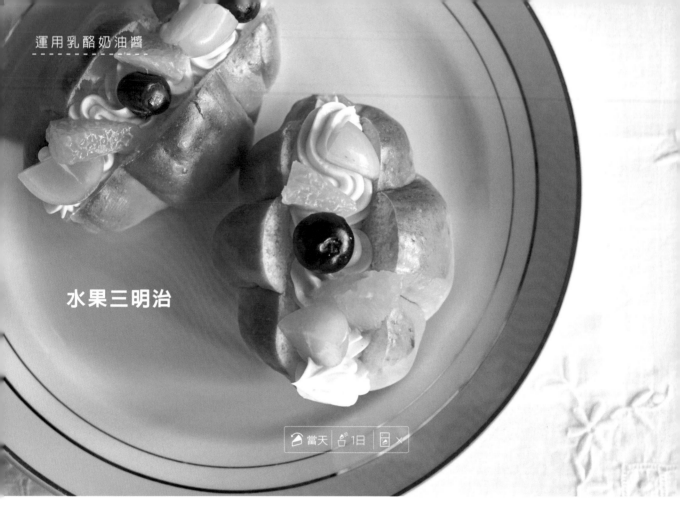

水果三明治

當天　1日

非常適合水果酸甜風味的奶油醬，與水果三明治絕配，只要有奶油醬就能輕鬆完成。滋味非常棒，除了麵包卷（Bread roll）之外，布里歐、熱狗麵包以及三明治吐司也都很推薦使用。

1　在麵包卷上縱向劃入切紋，擠入大量的「乳酪奶油醬」（a。抹入也可以），擺放藍莓、切成一口大小的葡萄、柳橙果肉。

＊也可以在三明治專用的薄切吐司上塗抹大量奶油醬，擺放上自己喜歡並分切好的水果。

a

葡萄乾乳酪奶油夾心

🍰當天 | 🎂3日 | 🗄×

帶著隱約香氣的絕妙乳酪風味,非常適合搭配葡萄乾。用香酥輕盈又脆口的甜酥餅乾包夾。麵團與「乳酪小塔(p.44)」做法相同,也可以用剩餘在冷凍室的麵團製作。

1　與「乳酪小塔(p.44)」的塔皮麵團相同作法。擀壓成3mm厚(a),以菊花形、圓形、長方形等模型按壓(b),刺出孔洞。用170℃的烤箱(以190℃預熱)烘烤15～18分鐘,待兩面都烘烤出金黃色澤時,取出放涼。
　　＊以 p.44 的塔皮麵團分量,直徑5cm的菊花形壓模可壓出30片(15組)。

2　葡萄乾用溫水泡軟,以廚房紙巾拭乾水氣。
　　＊也可使用浸泡過溫水還原的乾燥無花果,或切成7mm方塊的新鮮鳳梨,取代葡萄乾。

3　2片1組地在單片上擠「乳酪奶油醬」(也可用湯匙舀入並推平),擺放葡萄乾、擠奶油醬,再覆蓋上另一片餅乾,輕壓奶油醬地夾好(c)。
　　＊奶油醬每1組約是6～8g為參考標準。
　　＊奶油醬,擠的訣竅是每塊餅乾的外圍略留空間,以避免溢出。

4　置於冷藏室冷卻凝固。
　　＊裝入食品專用的 OPP 袋,放入密封容器中避免受潮的保存。

a　　　b　　　c

乳酪奶油布雪（Bouchée）

當天 | 2日 | ×

乳酪奶油卷

當天 | 2日 | ○ | 片狀放入opp
袋內可以冷凍保存

乳酪奶油布雪

僅用雞蛋、粉類、砂糖製作的鬆軟布雪（Bouchée）。在此添加了糖煮橙皮，若沒有糖煮橙皮，加入其他的水果乾或檸檬皮碎也可以。當天膨鬆柔軟，翌日潤澤可口，二種都很美味。

材料（直徑8cm 4個）

「乳酪奶油醬（p.65）」…80g

海綿蛋糕麵糊（pâte à biscuit）

┌ 蛋黃…36g
├ 細砂糖…24g
└ 香草醬…1/8 小匙

┌ 蛋白…68g
└ 細砂糖…30g

低筋麵粉…50g

糖粉、高筋麵粉…各適量

糖煮橙皮（市售）…約 30g

＊檸檬皮碎、半乾燥無花果、還原的葡萄乾、「糖煮杏桃」、「紅茶蜜李」（皆於p.33）都可以。

準備

・ 預備8張裁切成直徑8cm，圓形的糕點專用白紙，留有間距地排放在鋪有烤盤紙的烤盤上。

・ 擠花袋裝入直徑1.5cm的圓形擠花嘴。

・ 使蛋黃成為20～22℃。

・ 蛋白置於冷藏室備用。

・ 過篩低筋麵粉。

・ 預熱烤箱。

> 烤箱　以200℃預熱、180℃烘烤

1 製作海綿蛋糕麵糊（pâte à biscuit）。將細砂糖24g和香草醬加入蛋黃中，用手持電動攪拌機高速打發1分30秒～2分鐘。
＊在步驟**2**進行之前，必須將攪拌器清洗乾淨，拭乾水分後再使用。

2 蛋白放入缽盆中，首先加入30g細砂糖分量的1/5，用手持電動攪拌機高速打發2分鐘。大動作轉動機體攪拌，沿著缽盆進行打發。當缽盆內的蛋白邊緣開始變乾時，立刻加入細砂糖餘量的1/2，再打發1分鐘，加入剩餘的細砂糖，再繼續打發1分鐘。製作出尖角直立的蛋白霜。

3 將**1**的蛋黃加入**2**，以橡皮刮刀進行Mitten法「混拌蛋白霜（請參考 p.42）」，混拌20～25次。邊混拌邊再次過篩低筋麵粉至缽盆中，再次 用Mitten法「混拌蛋白霜」，混拌約50次。

4 將麵糊放入擠花袋內，在圓形紙張上絞擠成具高度的 圓形。絞擠時在紙張周圍留下空白距離。
  ＊絞擠前在每張圓形紙背後蘸上少許麵糊固定，紙張不會 晃動更容易作業。

5 使用茶葉濾網依序過篩糖粉、高筋麵粉。用抹刀（或小 刀）在表面劃出2道約5mm深的平行線條，放入烤箱， 約烘烤9分鐘。約是膨脹至最大，正開始要沈陷，劃出 的線條和內側全體都呈現淡淡的烤色即可。
  ＊避免過度烘烤成深色。

6 撣去表面的粉類，連同紙張放置在網架上至完全冷卻。剝去紙張2個1組，在單片的底部留下周圍 空間地擠上「乳酪奶油醬」（或用湯匙舀入推展開），撒上切成5mm的糖煮橙皮，上方再擠奶油 醬包夾。按壓全體，使奶油醬能擴展至邊緣。
  ＊當天沒有吃完的部分，可放入食品用opp袋內保存，翌日享用時蛋糕體會呈現潤澤口感。

乳酪奶油卷

濃郁中隱約帶著鹹度的奶油醬，非常適合搭配雞蛋風味十足的蛋糕體。較一般的海綿蛋糕更具柔軟彈性、口感潤澤。與其用叉子壓扁蛋糕，更希望大家能輕巧地用手拿著享用。若在冷藏室過度冷卻，建議取出在室溫中稍稍放置，使奶油回溫變軟後再吃。變得柔軟的奶油醬，更可以品嚐出起司的香氣。

材料(27cm 方型烤盤或蛋糕卷模型1個)

「乳酪奶油醬 (p.65)」…120g

蛋糕卷麵糊

雞蛋…190g

細砂糖…90g

┌ 牛奶…35g

└ 香草莢…4cm

低筋麵粉…70g

糖漿

┌ 細砂糖…5g

└ 水…15g

櫻桃酒…2g

準備

- 烤盤或模型中鋪放糕點專用白紙，周圍多出1cm高度，四角裁剪切口後鋪入。
- 層疊2片烤盤，或模型，擺放在烤箱的網架上。利用相同尺寸的層疊，使麵糊的底部和側面不呈現烤色，並且能烘烤出潤澤柔軟的蛋糕體。若烤箱內沒有網架，可擺放1片烤盤或將模型倒扣放入。
- 香草莢縱向對半分切，刮出種籽，連同牛奶放入缽盆中，充分混拌備用。
- 過篩低筋麵粉。
- 製作糖漿備用。在小鍋中放入細砂糖和水，煮至沸騰，離火冷卻，添加櫻桃酒。
- 煮沸隔水加熱用的熱水備用。
- 預熱烤箱。
- 為使奶油醬能塗抹推展，預備 L 型抹刀（或抹刀）。

>烤箱　以200℃預熱、180℃烘烤

1 雞蛋放入缽盆中攪散，加入細砂糖混拌，隔水加熱。用手持電動攪拌機的低速邊混拌邊溫熱至43～45℃。

2 停止隔水加熱，用手持電動攪拌機高速打發約5分鐘。大動作轉動機體沿著缽盆進行打發。打發至拉起攪拌器時，蛋糕會沾黏在攪拌器上，沈重地掉落時會留下痕跡的程度。

3

此時，隔水加熱地將添加香草籽的牛奶溫熱至50℃以上。同時用低速打發**2**的蛋糕，消除大氣泡，使全體增加細小氣泡地整合蛋糕質地。手持電動攪拌機固定在身體的正前方，低速打發20秒後轉動缽盆，以改變打發的位置。重覆2～3分鐘，大約打發整合一圈半。

4 邊再次過篩低筋麵粉邊加入**3**的缽盆中，進行 Mitten 法「蛋糕卷混拌」。左手拿好缽盆固定在9點鐘方向（慣用手為右手時）。右手的橡皮刮刀由缽盆3點鐘方向放入，保持邊緣曲線有一點是接觸到缽盆底部，再回到9點鐘方向。放平刮刀，由缽盆側面確實沿著翻起時，左手將缽盆位置轉至7點鐘方向。立即將刮刀朝上回到3點鐘方向（不翻面），重覆相同的動作（因轉動缽盆而麵糊隨之轉動，橡皮刮刀插入位置也會與之前不同）。不停地迅速進行35～40次，重覆至看不見白色麵粉為止。

5 加入溫熱的牛奶。接著橡皮刮刀從9點鐘方向動作至3點鐘方向不立刻返回，從9點鐘至10點半方向地沿著缽盆斜向移動。同時左手轉動缽盆。橡皮刮刀回到3點鐘方向時，在2點鐘方向斜向返回。速度放慢地混拌40～50次。

6 倒入模型中，用刮板推平表面。向下摔落模型在工作檯上以排出多餘的空氣。

＊刮板沿著身體前方模型的邊緣，由左朝右地動作地平整表面。改變模型的方向，四邊進行相同的步驟讓表面平整。

7 下方疊上另一片烤盤，置於烤箱內的網架上，烘烤成略有膨脹，表面烤色均勻的狀態。由烤箱中取出脫模，置於網架上，覆蓋乾燥布巾使其冷卻。

8 剝除側面的紙張，將蛋糕體翻面至另一張紙上，剝除底部的烤盤紙。若發現有粉類結塊時，用竹籤剔除。用剝除下的紙張覆蓋後翻面。以毛刷塗抹糖漿。

9　乳酪奶油醬放入鉢盆中，用橡皮刮刀混拌至均勻柔軟後，一直線地舀在
　　蛋糕體中央。用抹刀朝外側推展3～4次，朝自己的方向推展3～4次，輕
　　抹般地推展塗抹。靠近自己的方向略厚一些。

10　從靠自己的左右外側約5cm處提起，連同紙張
　　提起約5～6cm，使其向內彎折地輕輕按壓做
　　出中芯。向上提起時，用抹刀將側面溢出的奶
　　油醬均勻推平。

11　包捲的要領，就是連同紙張一起提起蛋糕體，朝向外側地輕輕按壓並捲
　　起。捲至最後，蛋糕體邊緣朝正下方地放入冷藏室，放置10分鐘以上使
　　其定型。切掉兩端後再分切成塊。

主要材料

在此將各種經多年經驗與測試後所得到的乳酪風味、香氣、烘扡出的口感等微妙配方，一併傳授，雖然使用的材料十分簡單，請選擇優質的產品吧。

奶油乳酪

使用的有3種。因品牌不同風味也各有特色。在糕點中佔比較高，因此選用的乳酪種類不同，成品也會有所差異。在材料表上記載著使用的種類，以下的特徵也請視為參考。
（照片由左側起）「kiri（Bel japon*）」＝酸味、鹹味，與奶香味均衡呈現。「PHILADELPHIA（森永乳業*）」＝酸味、鹹味以及風味確實存留。
「Luxe（北海道乳業）」＝酸味、鹹味柔和，較柔軟。

*編註：此處指日本代理，台灣另有代理商。

發酵無鹽奶油

不使用食鹽，使用乳酸發酵奶油。香氣豐郁，具有烘扡其他食材風味的效果。完成時能更讓糕點更濃郁。

酸奶油

添加酸味、更添風味的深度，也能使乳酪蛋糕口感更濃郁。不要使用瀝乾水分的優格替代，即使僅添加少量也請務必一試。

鮮奶油

基本乳脂肪成分為45%。只有「奶油乳酪的義式奶酪」使用36%低乳脂肪成分也沒有關係，可依個人喜好選擇。但請避免使用植物性產品，只用含乳脂肪的產品。

細砂糖（細粒）

使用粒子較細，易於溶化的產品。細粒、微粒等都是以糕點製作材料來販售。若是一般粒狀時，請先以食物調理機打細後使用。

低筋麵粉

本書中使用的都是「VIOLET紫羅蘭（日清製粉）」。

香草莢、香草醬、香草油

與奶油乳酪非常相配的香氣，無論使用哪一種都可以，但建議使用的種類寫於材料表中。具有和緩蛋糕中鹹味的作用，香草精一旦加熱，香氣也容易揮發，因此不使用。

檸檬、萊姆

與香草莢相同，是非常適合搭配乳酪的香味。不使用市售的果汁，請使用現榨果汁。常會將表皮刨下使用，因此請選用無蠟、儘可能使用無農藥的果實。擠出的果汁（用夾鏈袋薄薄攤平）、剩餘刨下的表皮碎冷凍備用，會非常方便。

雞蛋

若記載的使分量是個數，可能會因每次的分量不一，導致品質的不穩定，因此以g來標記。標示為「雞蛋」時，使用的是M尺寸，以全蛋計算。使用較多蛋黃時，會各別標記蛋黃、蛋白的分量，各別測量後使用。

保存與處理方法的訣竅

奶油乳酪（cream cheese）與奶油（butter）的準備

測量、切成均勻厚度（2cm程度），避免溫度（硬度）不均等狀況。以保鮮膜緊密貼合地包覆，使其達到配方中所需的溫度，再開始製作吧。成為16～18℃（由冷藏室取出稍微放置後，仍略帶冰涼的程度）；30℃左右（用手指可輕易按壓的程度。用微波稍稍加熱）。若以保鮮膜包覆，不會因乳酪表面乾燥而形成堅硬的部分，因此不需要再次過濾。此外，微波加熱不均勻時，在混拌後也不會造成影響。

沾黏在攪拌器上的部分也要完整刮下來

混拌完成後，攪拌器在缽盆上敲打使麵糊落下，用指尖拭淨沾黏在鋼圈上的麵糊，放入缽盆中。

乾淨地刮除沾黏在保鮮膜上乳酪

即使是數克的差異，也可能造成口感的不同，因此沾黏在測量後包覆保鮮膜上的奶油乳酪或奶油，也要乾淨地刮落加入材料中。保鮮膜攤平在工作檯上，將橡皮刮刀緊密貼合地橫向刮起，由自己的方向朝外側2～3次刮起，最後殘留在邊緣的材料，再由下而上地縱向刮起來，移至缽盆。

香草莢放在刮板上，由豆莢中刮出香草籽

建議將豆莢放在刮板上用小刀切開，刮出種籽。因刮板的表面平滑，可以直接移動，移至缽盆上用小刀刮落加入缽盆，既不浪費又輕鬆。

主要工具

提升作業效率，減少失敗的訣竅，挑選工具也是其中之一。缽盆選用適合份量的大小，也能讓攪拌器或橡皮刮刀容易沿著邊緣進行攪拌或打發。攪拌器或橡皮刮刀，建議挑選有硬度又具柔軟性的。

缽盆

使用直徑21cm、18cm的2種（p.38的「舒芙蕾乳酪蛋糕」中使用直徑24cm）。較此更小的尺寸可以方便測量秤重，請選擇攪拌器能確實沿著缽盆底部及側面的形狀。缽盆的底部及開口部分，就是針對攪拌器或橡皮刮刀能有效率的混拌，且高度及重量也方便使用情況下所設計（請參照 p.80）。

攪拌器

應該選用一旦施以壓力時，鋼圈會略被按壓般堅韌的商品。過於柔軟或是過於堅硬，會在缽盆間形成間隙，無法有效率地進行混拌。建議使用長度28cm的攪拌器。

濾網、茶葉濾網

過篩低筋麵粉或糖粉後加入，可以防止結塊。也可以過濾混合好材料的乳酪麵糊，以及用於使成品更加滑順時。

橡皮刮刀

除了混拌之外，還可用於刮落、移動材料、將材料刮入缽盆等等，從作業開始至最後都是不可或缺的工具。矽膠製品又具耐熱性，建議選擇一體成形的較容易保持清潔。書中使用的是具貼合性且有柔軟度，同時又帶有硬度的產品（請參照p.80）。

刮板

於舀起麵糊、平整表面、確實填充至模型中、壓平塔皮麵團等步驟時使用。建議選擇具適當硬度的製品。使用的是 Matfer® 公司的製品。

模型

本書主要使用的是，不鏽鋼製直徑15cm、高6cm底部無法卸下的圓型模，以及直徑15cm的環型模。除此之外，還有法式凍派模（terrine）、Matfer® 塔模。也介紹若有馬芬模或菊形壓模就能方便製作的糕點。

紅外線溫度計

測量開始製作的奶油乳酪溫度，不僅能調節硬度也能調節溫度，提高混合的效率減少失敗。非直接接觸的溫度計，能有效管理作業過程中的麵糊溫度、放入烤箱前的麵糊溫度、以及添加材料等的溫度，讓大家能樂於製作糕點的工具。

電子量秤

雖然配方細微至克數看起來似乎很麻煩，但若是使用電子秤，則非常簡單。相較於以容量，或是蛋1個的標示法，更不會有配方上的誤差。盡可能測量至小數點以下。

手持電動攪拌機

建議使用攪拌器全體形狀呈直線狀的製品。前端細窄的形狀，在打發作業時效率不佳。使用的是Panasonic公司的製品。使用力道強勁的品牌時，請稍稍降低速度進行打發。

刨刀

刨下檸檬或萊姆表皮加入，可以呈現新鮮的香氣。使用也能磨碎堅硬肉荳蔻的不鏽鋼製品。

烤盤紙

使用表面經過加工，能輕易從麵糊上剝除的類型，可鋪放在模型內。

使用方法的訣竅

用橡皮刮刀刮落缽盆中的麵糊

橡皮刮刀直線的那一側抵住缽盆的側面，從自己的方向逆時針（慣用手為右手時）刮一圈。在製作麵糊的過程中，也要不時地刮落材料，使混拌時不致產生不均勻。混拌完成時，同樣地刮落一圈倒入模型中。

缽盆的持拿方法

用左手支撐在缽盆9點鐘（慣用手為右手時）的位置。張開食指與中指，支撐在缽盆外側，用姆指夾住缽盆內側，用力向下拿好，無名指和小指則輕輕輔助。就足夠支撐右手刮杓或攪拌器的力量了。

關於烤箱和烘焙程度

以高於烘焙溫度20℃的溫度進行預熱吧。本書中有明確標記出預熱及完成烘焙的溫度，請在最適當的時間開始預熱。因機型與烤箱內大小、室溫、放置場所，烘焙程度也會有所不同，若無法如食譜的溫度與烘烤時間完成時，請加以調整。另外，乳酪蛋糕在高溫或長時間烘焙下，雖然會越來越膨脹，一旦冷卻反而會下沈變硬。請務必參考食譜中完成烘烤的基準。

烤盤紙的鋪放方法（烘烤類）
圓型模的烤盤紙鋪放

預備較模型圓周1/2略長的紙2張用於側面，底部剪出切口地鋪放。側面紙張略高出模型1cm左右，再鋪放底部用圓形紙。

＊「巴斯克風格乳酪蛋糕（p.28）」的鋪放方法不同。請參照食譜。

法式凍派模

在四角裁剪出與模型高度相同的切紋，確實妥貼地放入模型中

系列名稱／Joy Cooking

書名／吃過就感動的乳酪蛋糕

作者／小嶋留味

出版者／出版菊文化事業有限公司

發行人／趙天德

總編輯／車東蔚

翻譯／胡家齊

文編‧校對／編輯部

美編／R.C. Work Shop

地址／台北市雨聲街77號1樓

TEL／(02)2838-7996

FAX／(02)2836-0028

初版日期／2022年12月

定價／新台幣 340元

ISBN／9789866210884

書號／J153

讀者專線／(02)2836-0069

www.ecook.com.tw

E-mail／service@ecook.com.tw

劃撥帳號／19260956大境文化事業有限公司

KANDO NO CHEESE CAKE by Rumi Kojima
Copyright © 2022 Rumi Kojima / EDUCATIONAL FOUNDATION
BUNKA GAKUEN BUNKA PUBLISHING BUREAU
All rights reserved.
Original Japanese edition published by EDUCATIONAL FOUNDATION BUNKA GAKUEN
BUNKA PUBLISHING BUREAU.
This Complex Chinese edition is published by arrangement with
EDUCATIONAL FOUNDATION BUNKA GAKUEN BUNKA PUBLISHING BUREAU,
Tokyo in care of Tuttle Mori Agency, Inc., Tokyo.

國家圖書館出版品預行編目資料

吃過就感動的乳酪蛋糕

小嶋留味 著；--初版.--臺北市

出版菊文化，2022 [111] 80面；19×26公分.

(Joy Cooking；J153)

ISBN／9789866210884

1.CST：點心食譜

427.16　　111018004

請連結至以下表單
填寫讀者回函，將
不定期的收到優惠
通知。

＊關於缽盆與橡皮刮刀(p.78)的販售，
請洽「オーブン・ミトンOven Mitten」、
糕點材料行或工具販售網「cotta」。

日本語版發行人　濱田勝宏
設計　中村善郎／Yen
攝影　邑口京一郎
造型　久保原惠理
糕點製作助理　葉　汶蓉
　　　　　　　鴨井幸子
　　　　　　　片石理菜
　　　　　　　佐々木八汐
校對　田中美穗
編集　水奈
　　　浅井香織(文化出版局)

Printed in Taiwan

擅自無由影印、掃描、電子化本書等複製行為，除著作權法上之例外，都被嚴格禁止。

委託代行業者等第三者，進行掃描、電子化本書等行為，即使用於個人或家庭內，都不見容於著作權法。